你看起来好像很美味

/罗莎 著/

史上最好玩的DIY亲子餐

妈妈送给孩子的创意美味
满满的全是爱！

天津出版传媒集团
天津科学技术出版社

图书在版编目（CIP）数据

你看起来好像很美味 / 罗莎著. -- 天津 : 天津科学技术出版社, 2014.8
ISBN 978-7-5308-9105-6
Ⅰ. ①你… Ⅱ. ①罗… Ⅲ. ①婴幼儿－食谱 Ⅳ. ①TS972.162
中国版本图书馆 CIP 数据核字（2014）第 180460 号

责任编辑：方　艳

天津出版传媒集团
天津科学技术出版社出版

出版人：蔡　颢
天津市西康路 35 号 邮编 300051
电话：（022）23332695
网址：www.tjkjcbs.com.cn
新华书店经销
北京彩虹伟业印刷有限公司印刷

开本 889×1194 1/24　印张 7　字数 150 000
2014 年 11 月第 1 版第 1 次印刷
定价：32.00 元

目录
CONTENTS

目录
CONTENTS

目录
CONTENTS

目录
CONTENTS

01 超级马里奥

看到这个，“80 后”是不是都会很激动？伴随着我们长大的超级玛丽是我们那个年代最兴奋的回忆之一！那是脱离了拍洋画和弹弹珠之后高级的卡片游戏机带给我们的最初的快乐，因为在游戏方面的天赋不如男生，哥哥们只会让我玩超级玛丽，当年一起玩超级玛丽的小伙伴们如今应该也都为人父为人母了吧，可记忆却永远在一个地方闪着光。

TIPS

鸡蛋尖的那一头正好切下来做鼻子，眼睛就需要稍作“裁剪”了；
西瓜很难切出工整的方形，尤其是切得小的话，可以尽量切大一点儿；
帽子上的 M 是用西瓜切出来的，弄得不太好，如果用海苔就可能会好点儿。

Start Cooking

1. 玉米和鸡蛋先用电饭锅煮熟。

2. 烘烤的吐司面包一片（在面包店买的成品）。

3. 煮好的鸡蛋取蛋白切成马里奥的眼睛和鼻子；用海苔剪出胡子。

4. 西瓜切成大小一致的小方块。

5. 切好的西瓜块摆放在马里奥旁边，另外切出帽子和帽檐儿的造型。

6. 煮熟的玉米放在西瓜上方，用西瓜皮剪出白色圆块，做成 M 的标志。

7. 最后用樱桃做点缀。

02 大头米奇

相对于海绵宝宝、阿狸这些我喜欢的动画人物，米奇甚至比哆啦A梦更早出现在我的脑海里，标志性的大耳朵和大嘴巴乐呵呵的样子一定也俘获过你们的心，一起来回忆童年吧！

TIPS

大米跟糯米一起蒸会比较黏，蒸出来的饭团也更香哦！蒸的时候比平时蒸饭少放一点儿水。

饭团摆造型的时候在手上套上一次性手套，操作起来会比较方便。

Start Cooking

1. 糯米跟大米各半，放在一起淘洗干净，放少许水蒸熟。

2. 黑米淘洗干净放入小碗，加少许水和白糖一起蒸熟。

3. 蒸熟的米饭盛起，稍微凉一会儿。

4. 白色米饭捏成米奇的脸，黑色饭团做成耳朵和鼻子。

5. 用海苔剪出鼻子的轮廓和嘴巴。

6. 用奶酪片剪成眼睛，海苔剪出眼睛珠，胡萝卜片做成舌头。

7. 樱桃放上做点缀。

03 愤怒的小鸟

在愤怒的小鸟热潮过后，大家快要遗忘的时候我才开始玩这个游戏，被满大街的卡通形象熏陶也无感的我，在玩过之后开始喜欢红色的小鸟和那个有着贱贱笑容的绿色猪，就让我永远保留着一颗这样的童心吧！

小鸟和猪的神韵是最关键的地方，一定要做出绿猪贱贱的表情和小鸟愤怒的样子。小鸟的眉毛是重点，猪的眉毛和眼睛也要剪好哦！

在为做小鸟的眼睛而涂草莓酱的时候，如果不方便留空，就一起涂上再挖空。

Start Cooking

1. 吐司大概剪出小鸟的形状，猕猴桃切半。

2. 吐司和切好的猕猴桃摆放在盘子中间，从另一半猕猴桃上切出猪的耳朵。

3. 小鸟的脸上涂上面包酱，留出眼睛的部分；多余的吐司剪出猪的眼睛和牙齿，猕猴桃切出鼻子。

4. 用海苔剪出小鸟的眉毛、眼睛和猪的眉毛、眼睛、鼻子。

5. 胡萝卜切出小鸟的嘴巴；最后点缀上旺仔小馒头。

04 海绵宝宝

最爱的卡通人物之一！黄嘟嘟的萌萌样子让人忍不住心情变好，我只要看到有关海绵宝宝的东西，都要收纳回家，把它搬上餐桌也是我的愿望！其实做法很简单哦！

TIPS

面团压成面饼的时候尽量扁平，蒸的时候容易熟，无意中发现这样可以蒸出海绵宝宝凹凸不平的感觉，还不错哦！

如果直接加面粉，就一定要加自发面粉，否则，就要用酵母发面了。

Start Cooking

1. 南瓜蒸烂捣成泥，加入自发面粉和水一起揉成面团。
2. 把面团压成海绵宝宝的长方形身体，放入蒸锅蒸熟。
3. 海苔和奶酪剪出海绵宝宝的嘴巴、领结和腿。
4. 山楂和火腿剪出眼睛、鼻子和嘴巴，继续用奶酪剪出手。
5. 小西红柿做最后的装点就完成啦！

05 骄傲的 SNOOPY

作为孩童时代最爱的卡通人物之一，SNOOPY 绝不能从早餐中漏掉！发现用吐司好像能制作好多好多可爱的造型，早餐桌的主力军，这次又要靠它啦！

TIPS

剪眼镜的时候可以先剪好一个圆，然后比着剪另外一个，这样就可以剪成一样大小了；或者用专用的圆形模具。

Start Cooking

1. 准备好食材：吐司、海苔、自制草莓酱。

2. 吐司大概修出 SNOOPY 的头和身子，用海苔剪出耳朵、眼镜、鼻子和嘴巴。

3. 草莓酱涂上衣服的形状，然后用沙拉酱写上字母。

06 我爱阿狸

在我上大学的时候，阿狸的梦之城堡着实攻占了我的那颗少女心，红嘟嘟的样子配合各种各样的 QQ 表情完全萌死人，那个时候最爱收集它的各种表情，隔段时间还会有更新，憨憨地笑着走过来的样子总会让人开怀一笑。

TIPS

涂草莓酱也是件技术活儿，小心地涂哦，用勺子或者叉子辅助；耳朵和脸的连接处可以多涂一些，把空隙填满。

Start Cooking

1. 吐司剪去方形的那一小半，留下略圆的一半。

2. 把方形吐司的两个直角剪下来做阿狸的耳朵。

3. 用自制草莓酱把阿狸脸上的红色轮廓涂出来。

4. 用海苔剪出眼睛和嘴巴，M 豆当作鼻子。

5. 草莓一颗切开两半，和吐司皮一起点缀装饰。

07 我不是小新

之前在网上看到过其他妈妈做的蜡笔小新，于是也尝试做了个自己的小新，可是第二次做的时候因为食材的关系不太像了，跟朋友说那这个就取名叫“我不是小新”吧，做早餐也是不能自己控制的嘛！

TIPS

本来是想要做小新的啦，可是想加大食量结果脸就不像了，大家剪的时候可以弄得更好一点儿，或者换成巧克力蛋糕做脸也不错噢！

Start Cooking

1. 鸡蛋放电饭锅煮熟，用面包剪出头部，涂上沙拉酱。

2. 再剪一块盖在第一块上面，用巧克力蛋糕拼出身子。

3. 用海苔剪出头发、眉毛和眼睛，胡萝卜切小片做嘴巴。

4. 饼干棒掰成手和腿。

5. 煮好的鸡蛋切成两半，跟樱桃和葡萄一起摆盘点缀。

08 辛普森先生

让人觉得超级奇怪的事情是我竟然从来没有看过《辛普森一家》，据说，这是一部超级长而又富含各种意义的美国电视剧。与此类似的大概还有铁臂阿童木、犬夜叉、海贼王，甚至我最爱的海绵宝宝……竟然都没有看过，全部通过满大街泛滥的卡通形象普及……嗯，卡通业果然是个长久不衰的能影响很多代人的行业。

（这算是一个行业吗？囧……）

TIPS

南瓜馒头的详细做法在前面讲过，我用的是自发面粉，会稍微方便些，但是口感不如用酵母发酵的好，大家如果不嫌麻烦就自己发面。

蒸馒头的时间没有具体算过，一般是 10 ～ 15 分钟可以蒸好。

巧克力豆往刚拿起来的热鸡蛋上放会融化，故大家也可以用其他食材做眼睛。

Start Cooking

1. 南瓜面团和好（南瓜切片蒸熟，放在碗里捣烂，跟自发面粉和清水一起和成面团），让其发酵一会儿。

2. 把面团按压成扁的椭圆状，用刀在上方切出锯齿形。

3. 修好形状的面团放入电饭锅蒸熟，同时下面放鸡蛋煮熟。

4. 黄瓜洗净，切成大小不等的块状，摆放成草丛。

5. 把煮好的鸡蛋分别切下两头的蛋白放在蒸好的南瓜馒头上。

6. 巧克力豆放在鸡蛋上做眼睛，用海苔剪出鼻子和嘴巴。

7. 最后用樱桃做装饰。

09 樱木花道

有多少人跟我一样在期待最后一场的全国大赛？那个无数次让人热血沸腾的晚自习前的六点钟，飞奔回家扒上两口饭看樱木花道抢两个篮板再飞奔回学校跟同桌绘声绘色地讨论三井的三分球。最后当上湘北队长的宫城，离开篮球后失去生命方向的赤木刚宪和当上篮球部经理的晴子同学。为了美国之旅而苦读英语的流川枫估计已经忘记赛场上站成一排高喊“流川枫……我爱你”的啦啦队员，而我最爱的樱木花道则一边看NBA一边自信满满地大声说：“我是天才！”

——这才是我光芒万丈、无法再次重来的青春岁月。

TIPS

这道餐是最让我热血澎湃的，食材都很简单，重点是对表情的把握，樱木剪完头发后二到无敌的卡通形象会让人心情变好哦！剪眼睛的时候先剪出一个，再以剪好的为模板剪另外一个，这样大小就一样了。

Start Cooking

1. 吐司面包去掉方角的那一边，做出大概的头部形状。

2. 用番茄酱涂抹出头发的形状，用海苔剪出眉毛。

3. 继续用海苔剪出眼睛、嘴巴和表情纹。

4. 红豆小面包上用沙拉酱画出篮球的线。

5. 最后用番茄酱写出灌篮高手的 LOGO 就完成啦。

10 樱桃小丸子

“抠牙齿书没背晚回家，人人多少都有些坏习惯，今天这样明天一样怎么办，我总不能永远这样会完蛋……”其实，最早熟悉这个旋律应该是范晓萱的《稍息立正站好》，樱桃小丸子是已经长大后才知道的卡通人物，伴随着花轮同学一起，陪我们过了充满美好梦想的少年时代。

TIPS

海苔用得比较多。因为我买的海苔都是小块的，所以整个头发分了好几部分。如果有大片的海苔，就不用这么麻烦了。

日文字就靠度娘啦！

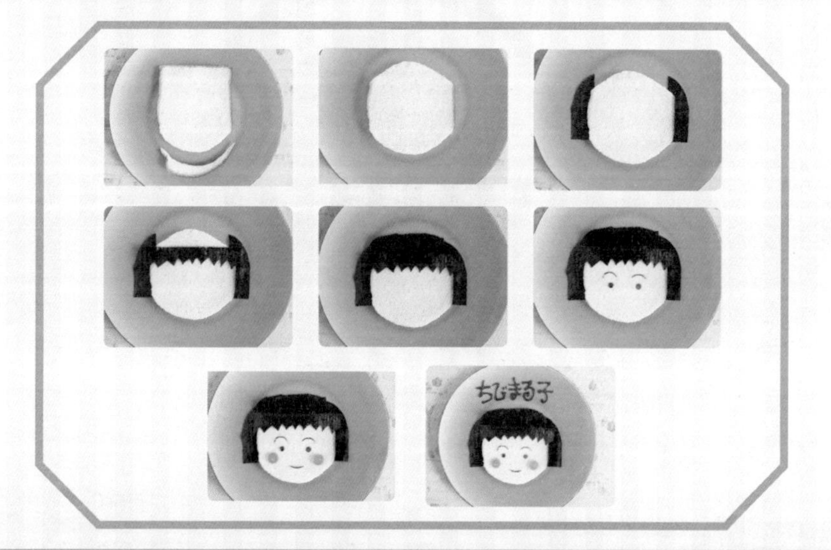

Start Cooking

1. 吐司面包先去掉圆弧的部分，再修剪上面方形的部分。

2. 小丸子两侧的头发用海苔剪出来，再剪出标志性的锯齿状刘海。

3. 空白部分也用海苔补齐，形状在头顶剪出弧状。

4. 继续剪出眉毛、眼睛和嘴巴，火腿肠切两小片放在合适位置。

5. 最后用番茄酱写出“樱桃小丸子”的日文字。

11 DIY 超级草莓酱

说来很奇怪，超爱吃草莓的我竟然不爱一切草莓口味的零食和饮料；反过来，我吃西红柿做的一切菜但是不吃西红柿，于是，我认定我是奇怪的族类啊……偶然一次在网上看到这种自制的草莓酱，看起来好像很美味的样子，于是研究、尝试，竟然很喜欢吃，再配合奶香吐司就完全无敌了，关键是无添加剂、非转基因，却有实实在在的草莓果肉哦！

TIPS

尽量多放白糖，糖和柠檬汁都具有保鲜的作用，能延长草莓酱的保质期。

切的时候尽量不要剁碎，以免草莓汁都流失了，在腌制的过程中草莓汁会渐渐出来，熬制的时候也可以借助勺子将草莓压碎。

因为草莓的腐蚀性较大，所以熬制的时候不要用铁锅或者铝锅。

Start Cooking

1. 原料准备。新鲜草莓、柠檬、白糖。

2. 草莓切成小块，切的时候尽量切得小块一点，方便熬制。

3. 加入足够多的白糖，除了味道，还能延长草莓的保质期。

4. 搅拌草莓和白糖，腌制至少三个小时，让糖充分融化出汁。

5. 平底锅不放油，倒入腌制好的草莓，用小火慢熬半小时左右，熬的时候用锅铲或勺子不断翻动以免粘锅，同时可将草莓粒压小。

6. 熬得差不多时（半小时到 40 分钟）切半个柠檬，将柠檬汁挤出滴入锅中，继续小火熬制 5 分钟左右。

7. 起锅装入事先洗净的、没有水的玻璃瓶，存入冰箱。一般保质期为半个月左右，吃的时候直接拿出来涂在吐司上就 OK 啦！

12 暗夜精灵猫头鹰

一直觉得猫头鹰是有灵性的动物，在黑夜中拥有明亮眼睛的生物，当然啦，我制作的这个好Q、好呆萌，一点儿都没有这种特性了，哈哈哈……

TIPS

芦笋煮和炒都不要太过，否则，变色就不好看了；炒的时候可以根据个人口味加入适量盐和鸡精等佐料。

Start Cooking

1. 巧克力蛋糕大概剪出大小猫头鹰的轮廓，摆放在合适位置，蛋糕表层的皮取下。

2. 锅中水烧热，将洗净的芦笋过水煮熟。

3. 锅中放少许油将煮熟的芦笋翻炒几下，在变色前盛出。

4. 将炒好的芦笋摆放在猫头鹰下面。

5. 用 M 豆做猫头鹰的眼睛，刚才取下的蛋糕皮卷成卷摆放在芦笋旁边。

6. 用奶酪片剪成猫头鹰的耳朵和嘴巴。

13 芭蕾女孩

我觉得每个女孩都有一个关于艺术的梦想，无论是钢琴、小提琴还是油画和芭蕾。这也是深藏在心底的关于公主的梦想吧。想拥有耀人的才艺却懒得付出心血去努力的人就是我了，所以我一直在仰望那些穿着蓬蓬纱裙跳跃在舞台和聚光灯下的美丽天鹅们。也许，有梦也是一件让人快乐的事情哦。

TIPS

煎饼时注意火候，尽量不要煎煳，而要保持金黄色；
挤千岛酱要一气呵成。芭蕾女孩两腿之间的距离尽量靠近，不然会很奇怪。

Start Cooking

1. 适量面粉，加入一个鸡蛋。

2. 倒入少量清水，和面粉、鸡蛋一起搅拌均匀成糊状。可根据个人口味加入糖或者盐和鸡精等。

3. 平底锅烧热，倒少许油，将面糊倒入锅中摊平。

4. 撒上黑芝麻煎至两面金黄起锅。

5. 圆形饼对叠等切成四个三角形（如图状）。

6. 将切好的三角形堆入盘中摆成裙摆状。

7. 小番茄切半，放裙上合适位置做女孩身体，用千岛酱挤出双腿。

8. 沙拉酱覆盖在小番茄上，挤出蕾丝舞衣的样子，千岛酱挤出舞起的双臂。

9. 剩下的小番茄再切半和沙拉酱一起点缀头部，红枣切半摆盘，用番茄酱画出波浪造型。

14 变身甲壳虫

一直很喜欢甲壳虫汽车，圆嘟嘟的彩色模样很可爱，于是尝试用馒头做出那种嘟嘟的感觉，只是形状不太好把握，追求一点点神似吧。希望有一天可以开着这种颜色的甲壳虫和我的朋友们一起去兜风，呜啦啦啦……

馒头可以直接买现成的，有时间也可以自己发面，形状更好把握。
涂番茄酱可以借助小勺子等工具，尽量弄得均匀些。

Start Cooking

1. 准备好食材：鸡蛋、黄瓜、胡萝卜、小番茄、馒头。

2. 黄瓜从中间对切，用刨刀刨成薄薄的长片，卷起来摆盘。

3. 馒头对切，在合适位置撕开一点缝隙安装“车轮”。

4. 车身涂上番茄酱，胡萝卜切成车窗形状放在车身合适位置。

5. 小番茄、黄瓜分别切开摆盘，最后用番茄酱写英文字母点缀。

15 缤纷气球

最近楼下蛋糕店推出了看起来很好吃的新品，于是，今天买回来尝尝。少了原材料的制作，今天的早餐过程相当简单哦！完全快速，五分钟完成，嘿嘿……

TIPS 如果没有一样的小点心，就用其他的现成蛋糕类成品代替。

Start Cooking

1. 准备好现成的小点心，哈哈……
2. 将粘在一起的点心掰开成两半摆在盘中合适位置。
3. 点心摆成散开的气球状，用沙拉酱画出气球的线。
4. 将奶酪片切成方块状摆放在气球线的收尾处。
5. 在奶酪片上也点缀上沙拉酱就完成啦！

16 冰激凌等于不哭泣

早上一起床就收到雅安地震的消息，知道这又将是新一轮对生命和爱的考验，看到第一现场传回来各种关于地震的照片，即使面对再多灾难，我们仍然无法漠视每一个生命的消失。就用这一个小小的冰激凌，抚慰在地震中失去家人和家园的小朋友们，祝他们快乐成长，早日摆脱苦难和噩梦。

TIPS

掰饼干棒的时候可以比着蛋卷的长度；冰激凌球可以用其他任何点心代替哦！

Start Cooking

1. 准备好点心成品。

2. 把点心摆放成冰激凌球的样子。

3. 鸡蛋加面粉和水调成糊状，根据口味加入盐或者糖。

4. 锅底放少许油烧热，低火将鸡蛋饼煎熟，两面金黄盛出。

5. 盛出的面饼切成冰激凌蛋卷的形状，摆放在冰激凌球下面。

6. 饼干棒掰成冰激凌蛋卷的纹路，用沙拉酱挤在冰激凌球上点缀。

17 部落老酋长

一直对电影里各种神秘的部落很感兴趣，觉得他们充满了原始气息。各种我们不知道的神秘生活，插着羽毛的帽子，脸上七彩的颜料，雪白的牙齿还有黝黑的皮肤以及拿着大叉子跳舞是我对他们的整个印象。想到这儿，耳边好像还响起了他们跳舞的节奏和音乐。

TIPS

因为五官比较细致，所以剪的时候有点儿费劲，尤其鼻子跟眉毛要一条下来，不要剪断了哦。点缀的水果小食也可以用其他的代替。

Start Cooking

1. 全麦吐司一片（我买到的吐司形状刚好，省去了修剪）。

2. 黄瓜斜切，切成若干片。

3. 把切好的黄瓜摆放在吐司下面，做成标志性的羽毛。

4. 用海苔剪出酋长的五官。

5. 胡萝卜切条，用刀切出锯齿状，放在吐司最上面。

6. 最后用樱桃和莲子点缀。

18 彩虹棒棒糖

还记得周星驰的电影《功夫》吗？除了包租婆跟一栋模糊不清的老房子，我唯一的记忆就是那样一个充满爱的棒棒糖和黄圣依初上银幕时那清纯脱俗的面孔。从此棒棒糖也跟冰激凌一样，成为爱和浪漫的青春记忆。

TIPS

包子是在外面买的现成的，直接可以趁热吃。如果是超市买的速冻的包子，先蒸上再来做其他的。鸡蛋先煮熟。这个早餐可以在十分钟之内完成，适合上班的妈妈们！

Start Cooking

1. 饼干棒三根，分别掰成长短不一的样子摆放在盘子里；桃李挑最红的一面切片，放在中间的饼干棒上。

2. 蒸好的包子和煮好的鸡蛋切半，分别放在第一根饼干棒和第三根饼干棒上。

3. 用番茄酱在包子上画出圈圈，沙拉酱在桃李上画出圈圈，在蛋黄上也稍作点缀。

4. 最后用樱桃点缀，有爱的棒棒糖家族就完成啦！

19 春江水暖鸭先知

春天总是伴随着阵阵寒意悄然来到我们身边，等到暖意遍身，我们才惊觉春天都已经快要过去。小时候的一句古诗也因此在脑海里留下了不灭的印象：“春江水暖鸭先知。”

TIPS

方便面煮熟后过一下水，可以去除面中的防腐剂，面也会更加劲道，炒的时候就不易炒烂。

Start Cooking

1. 方便面饼放在开水中煮熟，另用锅煮一个鸡蛋。

2. 煮熟的方便面捞起后用凉水过一下，沥干水分。

3. 锅中放少许油和调味酱翻炒，面均匀染上调料后盛出。

4. 炒好的面在盘中摆放成水的形状。

5. 小杧果切出中间的核，左右两边做成小鸭子的身体；煮熟的鸡蛋剥壳取蛋白做鸭子的头；黄瓜分别切成嘴巴和翅膀；最后用 M 豆做眼睛。

20 丛林豹子王

“嘘！你知道吗，最近豹子当上丛林之王啦！”“咦？那狮子王呢，被豹子打败了吗？”“哈哈，你猜得不对，这是我们丛林的萌萌豹子王。它平时最会卖萌啦，特别是看到小朋友的时候，眼睛都会弯成小月牙，而且它都会情不自禁地伸出舌头来亲我们的小脸蛋呢。来，现在让我们一起去找他玩游戏吧。”

菠萝包是面包店现买的。

番茄酱在点出来后会散开，所以在点的时候尽量分开点距离，以免融合在一起。

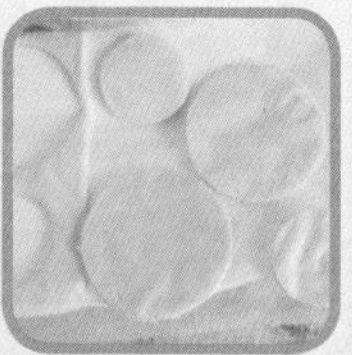

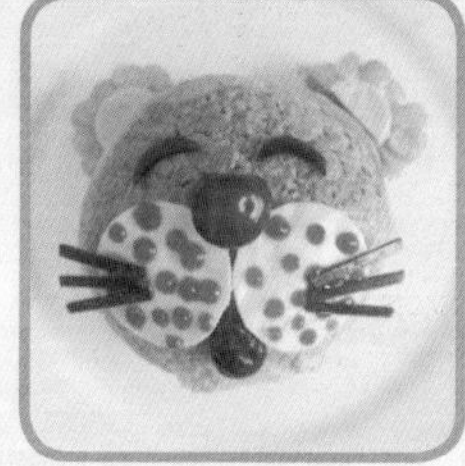
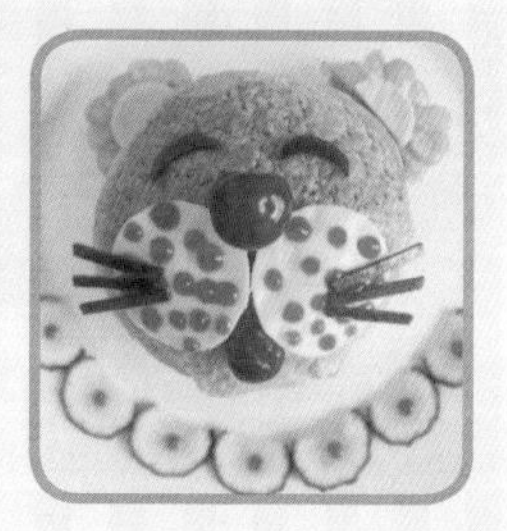

Start Cooking

1. 菠萝包一个，玉米放电饭锅煮熟。

2. 奶酪片用圆形模具切出大小各二的圆片共四个。

3. 切好的大圆片跟车厘子一起摆放在菠萝包下方，小圆片切半跟玉米一起做成耳朵。

4. 番茄酱呈点状挤在大圆片上，山楂片分别切成六小段做成胡须。

5. 用山楂片剪成眼睛，红枣切半做成嘴巴。

6. 黄瓜片切成小圆片摆盘，用番茄酱点缀。

21 丛林灰松鼠

如果可能，没有什么比养一只松鼠更拉风的了，半眯的小眼睛和能当鸡毛掸子扫灰尘用的大尾巴一定是人生的好伴侣，哈哈！

蛋糕如果太厚不方便剪可以用刀先切出大概形状，再用剪刀修一下。

鸡蛋尽量煮熟再切，否则，切的时候蛋黄容易流出来。

Start Cooking

1. 鸡蛋放入电饭锅煮 5 ～ 10 分钟。

2. 煮鸡蛋的时间把巧克力蛋糕切成两个倒三角，拼成松鼠的头。

3. 用剪刀剪出松鼠的大尾巴放在头下面。

4. 奶酪片剪出眼睛和嘴巴，用沙拉酱在尾巴上画出花纹。

5. 小黄瓜切成花瓣状，中间用番茄酱点出花心。

6. 煮熟的鸡蛋对切放在松鼠的头上做耳朵，胡萝卜切片装饰。

22 蛋黄派

在非洲，一只母鸡刚产下一枚鸡蛋，炽热的天气就把它烤熟了。鸡妈妈还来不及伤心，这时，天空突然出现了异象，一位妙龄男子从天而降。强烈的气道直直地将那枚熟鸡蛋劈成两半。说时迟，那时快，男子仿佛失去了意识般也直直坠向鸡蛋的位置。一炷香的时间后，男子幽幽转醒，屏幕下方开始打出字幕：熟蛋超人诞生记。他再也看不见旁边抖得像筛子一样的肯德基了。

TIPS

可以根据饭量把母鸡的身体做成双层，中间夹些果酱等其他配料。

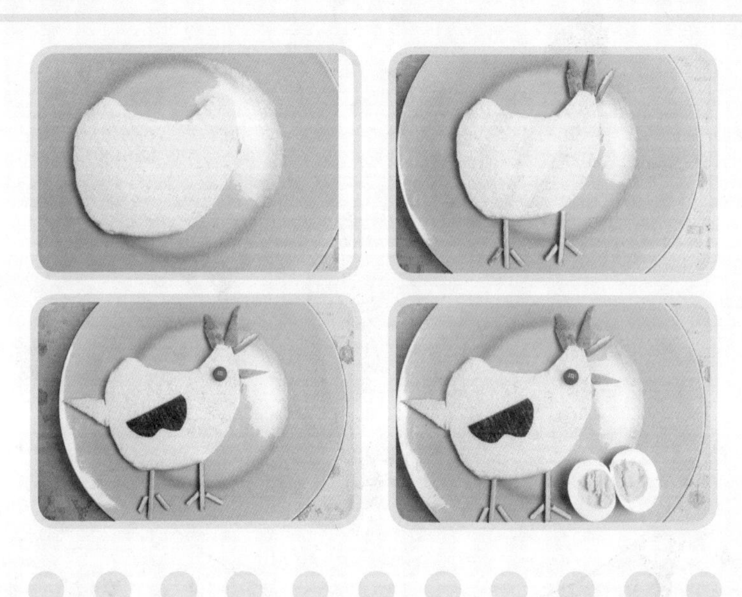

Start Cooking

1. 鸡蛋放进电饭锅煮熟，吐司面包剪出母鸡的轮廓。
2. 吐司皮做成鸡冠和脚。
3. 用海苔剪出翅膀，加上吐司的尾巴，M 豆做眼睛。
4. 煮熟的鸡蛋切成两半，摆放在母鸡旁边。

蜂戏蝶从

蜜蜂和蝴蝶好像是童年画面必不可少的存在，哪怕真正的蜜蜂和蝴蝶落到身上时是那么的慌张和无措，也阻挡不了我们用各种各样的形式去表现它们带来的美好。

TIPS

南瓜和紫薯蒸的时候尽量切薄，这样比较容易熟。

跟面粉一起和的时候根据面粉的多少适量加水，一般只需很少很少的水，水主要是起一个黏合作用。

类似蝴蝶这种造型的馒头，可以平时空闲时间做好放入冰箱冷冻室，需要的时候拿出来蒸一下就可以了，这样节约早餐的整体时间。

Start Cooking

1. 南瓜和紫薯切片分别放电饭锅（或蒸锅等）蒸烂。

2. 拿出后放在碗中捣烂成泥，分别加入自发面粉和少量水和成面团。

3. 紫薯面团切小块，拉成两个竖条，另取两小段捏成触角状。

4. 扁平竖条两端向中间卷，做成蝴蝶翅膀状，将两只触角放在翅膀中间，蝴蝶馒头就完成了。

5. 南瓜面团分别搓成大小两个圆球，大球稍微呈椭圆状；将做好的南瓜面团和蝴蝶馒头一起入蒸锅蒸 10 ～ 15 分钟。

6. 黄瓜切成水草状摆放在盘子下侧，用海苔剪出蜜蜂的翅膀、触角和身体的纹路，摆放在蒸熟的南瓜馒头上。

7. 沙拉酱和番茄酱点缀在水草中间。

24 富士山下

千里之外，你也许没见过这样的美景。旭日初升，粉色腹岭雀“啁啾”几声，叫醒了山下湖水的纹理，碧绿的涟漪圈圈漾开，仿佛水中将有莲花盛开。山上的雪没有化过，在所有掠去的时光里，并不刺眼。这是春天，不是Sakura 绽放的季节。全部的粉色如秘密，你会发现都掩藏在山顶的雪里。你不禁走近去瞧，那汪水里真有莲花开，雪白的身段，顶着一簇嫣红。又飞来一朵，两朵，三四朵，原来是天鹅，扑腾着与鸳鸯比邻。这是富士山下，你不曾看过的美景。

TIPS

馒头是在包子铺买好的，如果冷了就先蒸一下。
天鹅的形态大家自由发挥哦！

Start Cooking

1. 西瓜去皮切块摆放在盘子上方。

2. 黄瓜皮切成条摆放成波浪状。

3. 馒头侧切三分之一做天鹅的身体，另外横切一部分弯曲成天鹅的头和脖子。

4. 巧克力豆做鹅的眼睛，西瓜顶涂上沙拉酱，最后用樱桃做点缀。

灌木丛花语

在所有的造型里，花朵似乎是最容易被演绎的，各种样式、颜色和形状的花朵被我搬上餐桌，看着这些五颜六色的缤纷花朵，生活也好像变得美好起来。

TIPS 如果喜欢的话，还可以在面饼中包上黄瓜、火腿等其他食材哦！

Start Cooking

1. 芦笋过水煮熟；西红柿和菠萝洗净切成片。

2. 锅内放少许油翻炒芦笋，根据口味加入适量调味料。

3. 面粉加鸡蛋和水和成面糊状，在锅内摊成圆饼，两面金黄后盛出。

4. 面饼折叠成扁平状和炒熟的芦笋摆在盘中。

5. 摆放洗净切好的西红柿和菠萝，面饼上撒少许黑芝麻。

26 海螺姑娘

“海螺姑娘快显灵，驱除黑暗放光明。”修炼千年终成仙的海螺姑娘，被小斗帽的孝顺感动，在他遭遇海难时，不惜自废功力祭出夜明珠，照亮方圆百里的漆黑夜空，引航迷途渔人。这个故事发生在福建，但海螺姑娘的石膏像却一直屹立在珠海的海滨路上，庇荫后人。传说，只要默念三遍题首的咒语，石膏里的夜明珠就会被唤醒，大放异彩，指引航程。

TIPS

这也是一道十分钟内速成的餐点哦，吐司面包和小羊角面包都是面包店买的……

Start Cooking

1. 玉米放在电饭锅煮熟。

2. 吐司面包剪成星星的形状，羊角小面包放在旁边。

3. 沙拉酱画出海星的眼睛嘴巴和浪花。

4. 蒸熟的玉米放在盘子顶，小番茄切开放在浪花上。

27 好吃的菠萝饭

一直很怀念上大学的时候，每到初夏学校门口的小吃店都会有的菠萝炒饭。每次不知道吃什么时就会和室友用菠萝饭解决，美味又不腻味的香甜带着大学时光的美好感觉。直到自己想起来亲手做一道菠萝炒饭时，又回忆起那些年，我们一起吃过的菠萝饭……

TIPS

鸡蛋一定要打散，保证均匀地裹到饭粒上，建议用两个鸡蛋。

翻炒好的米饭先放在饭碗中压紧，然后倒扣在盘子中，就是图中的形状啦。

Start Cooking

1. 准备食材。菠萝对切，其中一小半切成小块状，胡萝卜、火腿肠切丁，甜豆剥好备用，剩米饭一碗，鸡蛋两个。

2. 将鸡蛋打入米饭中，充分打散拌匀，保证每粒米饭都裹上鸡蛋。

3. 平底锅烧热倒油，依次放入胡萝卜、甜豆、火腿肠翻炒至断生。

4. 倒入拌好的鸡蛋饭继续翻炒至鸡蛋变熟，调入少量的盐和鸡精翻炒入味。

5. 小番茄对切，剩下的菠萝切成三角形，摆盘，将炒好的饭放在中间，好吃的菠萝饭就完成啦！

28 河马和小乌龟

虽然自己的童年在城市度过，没有乡下放牛捉虫、打鱼捞虾和没有那些光着脚丫子跟伙伴们在田间追逐打闹的快乐经历，但总是在心里远远地幻想着，偷懒一觉醒来，发现夕阳西下，仔细一听，是外婆喊我吃饭的声音……

巧克力蛋糕也可以用深色的吐司代替哦！小杧果去皮的时候用手剥会稍微方便点。

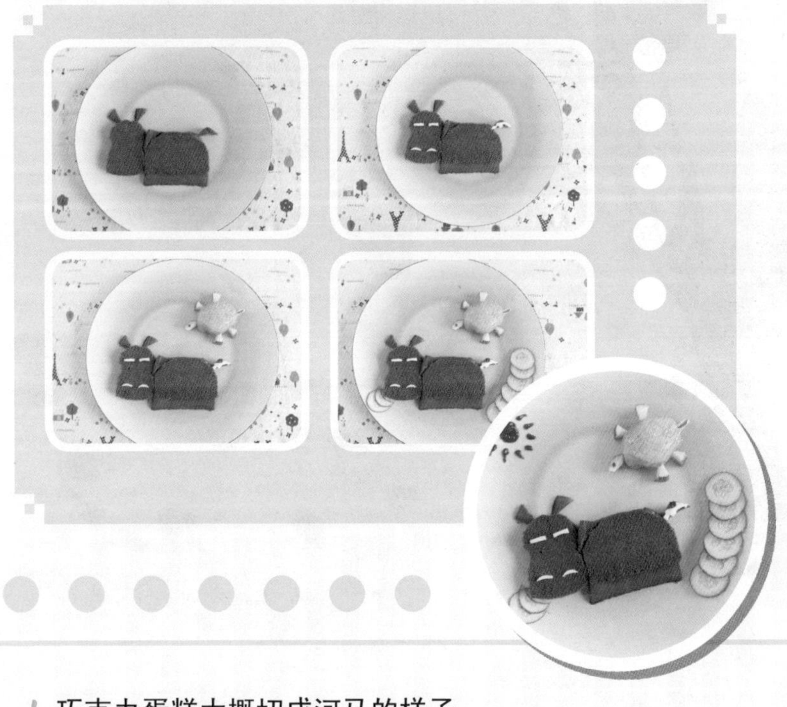

Start Cooking

1. 巧克力蛋糕大概切成河马的样子。

2. 奶酪剪出眼睛和嘴巴，沙拉酱挤出尾巴。

3. 小杧果去皮用刀划出乌龟壳，黄瓜切出头、脚和尾巴，番茄酱点出乌龟的眼睛。

4. 黄瓜切片点缀在盘子旁边，番茄酱画出太阳。

29 荷塘月色

2013 年大热的一首《荷塘月色》可真是听得人不由自主就想哼哼两句，大概所有的神曲都有这个共通点——“我像只鱼儿在你的荷塘，只为和你守候那皎白月光”，刚好前两天在网上看到了这个吃西红柿的方法，试验一下果然不错呢！

TIPS

剥西红柿之前可以用开水烫一下，皮会剥得更顺畅；
中间内层部分会比较硬，剥的时候注意力道，不要弄断。

Start Cooking

1. 竹叶菜洗净放在水里焯熟，摆放在盘子一边。

2. 西红柿洗净，用刀在表皮等分划六道口子，依次把皮剥开。

3. 在内层也划开六道口子，跟表层的口子交叉开，同样剥开，形成花状。

4. 剥好的西红柿花摆放在竹叶菜旁边。

5. 面包片放在花下面，挤上番茄酱。

6. 撒上几颗葡萄做装饰就完成了。

30 花儿朵朵

很怀念中学时学校门口各种各样的小吃，其中最爱的就是红薯窝窝，特别喜欢看老板把糊好的红薯粒放在圆形的勺子里，然后放进油锅里炸，那时候觉得在回家路上偷吃一个红薯窝窝就是最快乐的事情。

TIPS

红薯丁不要切得太大，放在模具里的时候也不要太厚，否则会很难熟。

煎或者炸都可以，火一定不要太大，不然外面糊掉里面还没熟。

番茄酱就用麦当劳或者肯德基的那种小包装就行，方便画出图案。

Start Cooking

1. 红薯去皮洗净，切成小丁；面粉适量，打入一个鸡蛋。

2. 把红薯丁拌进面糊中，让红薯丁均匀裹上面糊。

3. 锅内油烧热，裹好的红薯丁放入花型模具中放入锅中煎至定型脱下模具，同样方法再煎一个。

4. 开中火两面煎熟后起锅。

5. 番茄酱画出叶子；葡萄干和叶子装饰点缀，黑芝麻撒到红薯饼上。

31 花盆长出太阳花

花花草草什么的一直是我的盲点，基本是养什么死什么，连仙人掌这种都不例外，偶尔觉得自己真是不适合照顾什么……不过，尽管这样，我还是很喜欢那些盆栽植物，只是看着，心情就会变好哦！

TIPS

因为是生鸡蛋，所以炒的时候一定要炒熟，不然，会略有腥味。

Start Cooking

1. 胡萝卜切成圆片，然后对分成四小块，在盘子里摆出太阳花的形状。

2. 隔夜米饭打入一个鸡蛋搅拌均匀，让每粒饭都裹上蛋液，根据口味加入盐和鸡精等调料。

3. 锅内加少许油烧热，把鸡蛋饭倒入锅中炒熟。

4. 炒熟的鸡蛋饭盛起在盘中摆成花盆的造型，饭上撒点黑芝麻。

5. 用沙拉酱在花朵和花盆之间画出简单的枝干。

32 黄玫瑰

玫瑰仿佛生来就是一个美好的存在，表达爱情、友情和亲情。可是不知道为什么，我对红色的玫瑰就是不大感冒，反而更喜欢颜色清亮的花朵，跟爱情无关的美，比如黄玫瑰，代表一份美好的祝福。

TIPS

记得用自发面粉哦！如果喜欢吃甜的，还可以在馒头里加糖。

1. 南瓜切片蒸熟捣烂，加入自发面粉和成南瓜面团。

2. 面团上切下六个等份大小的小面团和一个稍小的面团。

3. 等份的六个小面团分别擀成六个大小一致的圆片，稍小的面团搓成两头尖的梭子状。

4. 擀好的六个圆片留出三分之一的位置依次叠加，梭子状的小面团放在最前面。

5. 从头开始慢慢卷起来，从中间对半旋转拧开，分成两朵玫瑰状馒头，照此方法做剩下的馒头。

6. 做好的玫瑰馒头放入蒸锅蒸 10 ～ 15 分钟。

7. 蒸馒头的时间把荷兰豆去头尾洗净，放入开水中焯熟，然后过油炒一下，可放少许调味料。

8. 炒熟的荷兰豆在盘中摆成花瓶形状，蒸好的馒头放在花瓶上。

9. 沙拉酱画出花瓶的花纹，点缀上葡萄。

33 黄色机器人

“I'm Robot.”这是美国大片《我是机器人》里机器人苏醒时，依赖教授时，发动攻击时，再次沉睡时，片尾时都在重复的一句话，它担任着这部电影的温情、高潮、转折、赚泪点等功能，曾当选了当年度十佳台词之一。这次我们要完成的是Robot的Baby体，只要按照步骤完成了这道料理，小小黄色机器人就会苏醒过来对你卖萌哦。你准备好被萌翻了吗？

吐司面包涂黄油的时候还可以加点芝士，根据自己的口味来哦！
稍微冷却下再切是避免黄油粘刀不好切。
点缀的圣女果也可以用其他水果代替，只要色彩丰富就行。

Start Cooking

1. 把吐司面包涂上黄油放在烤箱或微波炉加热 1 ～ 2 分钟，稍微冷却后切出一个小正方形。

2. 切出来的两段分别再等分成两半，拼成机器人的身体。

3.M 豆做眼睛，小黄瓜切三角状做嘴巴。

4. 圣女果切三瓣装饰盘底，最后用沙拉酱写出英文字母点缀。

34 金馒头花束

最近过节微博上都说流行送实用的花了，金针菇花束，西兰花和各种蔬菜的捧花，放在一起也好看极了，看来“家庭主妇”也能浪漫与实用兼顾呢，今天要做一道馒头花，送给心中有爱的妈妈们。

TIPS

煎馒头的时候掌握好火候，用小火煎，这样外层不容易糊掉，里面也能受热，其实馒头本身是熟的，煎成金黄色就更好看。

Start Cooking

1. 馒头撕成差不多大小的小块。

2. 鸡蛋打散，再加入100ml左右的牛奶一起搅拌均匀。

3. 将馒头块放入牛奶蛋液里，充分裹上蛋液。

4. 锅中倒少许油，将裹好蛋液的馒头放在锅里煎至金黄。

5. 黄瓜切成小细条摆放在盘子里。

6. 煎好的馒头块放在黄瓜条上摆成花束的形状，沙拉酱在黄瓜条上画一个蝴蝶结。

7. 樱桃和葡萄点缀花束。

35 金色郁金香

在记忆里，小学时每年的母亲节都会给妈妈买几支郁金香，那个时候对花的所知实在有限，所以郁金香也一直被看作是送给妈妈最好的礼物。

捏成花形的时候可以稍微在接合处粘一点儿水。

Start Cooking

1. 南瓜切片蒸熟捣烂，加入自发面粉和水和成面团。
2. 面团分成若干小面团，擀成圆形的片。
3. 把小圆片捏成花的形状，放入蒸锅蒸 10 ～ 15 分钟。
4. 蒸馒头的同时把芦笋过水在锅中炒熟，摆放在盘中。
5. 馒头蒸熟后装盘，花心里点缀上番茄酱，配上葡萄。

36 金鱼戏游

金鱼作为我一直想养却又不敢养的小动物，始终是一个美丽的存在。小时候经常有玩伴说因为给金鱼吃得太多而被撑死，所以我也一直不敢去养，总觉得看看别人的就好，让自己去照顾一些小生命就有些手足无措了，大概还是心中没有大爱的原因，哈哈。

TIPS

其实很多摆放都是随机的，切出来什么形状都可以直接摆，没有固定的样子哦！

Start Cooking

1. 鸡蛋放在电饭锅煮熟。

2. 吐司和皮分开，吐司剪成金鱼身体，皮分段做成尾巴。

3. 黄瓜切片也摆成金鱼的尾巴。

4. 胡萝卜切圆片做金鱼眼睛，放上M豆做眼睛珠。

5. 煮熟的鸡蛋放在金鱼旁边，胡萝卜片剪成两个小圆片做金鱼的眼睛，黄瓜片做尾巴。

6. 葡萄和剪成圆形的黄瓜按大小依次排列成吐出的气泡。

7. 黄瓜切丝摆成水草状，番茄酱画出金鱼的鳞片。

37 卷发小萝莉

拥有一个眼睛大大、可爱乖巧的女儿是我的梦想，我会每天给她梳好看的辫子，扎可爱的蝴蝶结，穿漂亮的花裙子，还给她烫小小的卷发，让她从小做一位美丽的小公主。这道餐点适合有这样梦想的妈妈们哦！

TIPS

面糊搅拌的时间可以稍微长一点儿，香蕉也可稍微夹碎，避免面粉成团和面饼凸凹不平。

方便面煮开后过冷水可以让面更劲道，顺便去除防腐剂。

Start Cooking

1. 准备好香蕉饼的食材。面粉、鸡蛋、牛奶和切好的香蕉片。

2. 将牛奶和面粉搅拌成面糊，根据情况加适量的水。

3. 把切好的香蕉片放入面糊中，用筷子稍微夹碎，放在一旁待用。

4. 方便面饼放入沸水中煮开，捞起在冷水中过一下。

5. 平底锅烧热倒少量油，将香蕉面糊倒入煎成圆饼，两面变色后盛出摆盘。

6. 锅里倒油和孜然粉等调料（根据个人口味），放入沥干的面翻炒，炒热后即可出锅。

7. 方便面摆成小女孩卷发的造型，胡萝卜剪成眼睛和嘴巴。

8. 最后将小番茄切成蝴蝶结，黄瓜切成领结装饰。

38 卷发小正太

有时候一件可爱的餐具都能增加我们对厨房的兴趣，比如上周新买了一个超级萌的小小平底锅，放了几天没用手就痒痒的，哈哈。小男孩的脸和头发都在这个小小锅里完成，其实是很有意思的哦！

TIPS

面饼在调和的时候可以根据自己的喜好放盐或者放糖；煎的时候尽量不要太厚，平底锅开小火慢慢煎。

玉米肠用其他火腿肠代替也可以，因为本身是熟的，所以只要煎热就可以。

Start Cooking

1. 鸡蛋和面粉加少许水和盐调和成面糊，玉米肠切片。

2. 面糊在小平底锅中煎至两面金黄。

3. 玉米肠在锅中煎热。

4. 面饼放在盘中间，玉米肠盖在面饼上做头发。

5. M 豆做小男孩的眼睛，苹果和桃李切成鼻子和嘴巴。

6. 桃李两边切圆片切成心状和夹心巧克力摆放在盘子下面。

39 蝌蚪大闸蟹

这是一篇关于友情的故事。
蛙：螃蟹，螃蟹，你为什么有八条腿啊？
蟹：这样可以走得快一点儿啊。
蛙：那我们来比赛跳高吧！
蟹：……

蛙：螃蟹，螃蟹，我只有四条腿，你肯定比我跑得快吧。
蟹：那当然啦。我们来比试比试。开始！！
蛙：啊！为什么追我？！我又不是急支糖浆！！
蟹：……

蛙：螃蟹，螃蟹，你每天背着个壳不累吗？
蟹：妈蛋！看清楚啦，我可是大闸蟹。
蛙：哦。难怪跟别的螃蟹不一样，壳就像个包子，是发泡的。咋啦哥们！让人给煮啦？
蟹：……

缘灭！！！

包子是在早点铺买现成的，节约时间（最重要的是偷懒^ ^），就不自己和面啦！

沙拉酱比较软，所以在上面放芝麻不是很好操作，可以借助牙签。

Start Cooking

1. 鸡蛋先放在电饭锅里煮熟。

2. 胡萝卜切片，把片切出四分之一的直角形状，切出两个备用。

3. 另切一片，等分成四份，再把四分之一的胡萝卜分别切出一个小扇形，保留直角。

4. 把包子摆放在盘子下方，步骤一切出的两个圆片做大闸蟹的钳子，步骤二切出的直角做大闸蟹的腿。

5. 沙拉酱画出角，芝麻做眼睛；莲蓬子放在一边装饰。

6. 煮好的鸡蛋放在大闸蟹上方，再用沙拉酱画出腿。

7. 海苔剪出小蝌蚪的眼睛，最后用沙拉酱画出水波。

40 可乐加菲

贪吃，肥胖，慵懒，狡诈，虚荣，自恋，也有责任感，比较独立，坚强，可爱，笨拙。这可不是说你现在正在床上打鼾的老爸哟，它是已经 36 岁的加菲猫咪。它来自遥远的喵星，但是地球人都爱它。别看它眼睛总是没睁开，手短肚子圆的，但它跳起舞来，尤其是探戈，那叫一个飘逸，它一直在用实力证明着胖子都是潜力股这句古话。如今，它来到中国，就在你我身边，它已经不爱吃比萨啦，一杯可乐来把它灌醉。

菠萝包是在面包店买的现成的。
奶酪是超市买的奶酪片。
紫色包菜的手掌可以用其他食材代替哦。

Start Cooking

1. 黄瓜片出部分横在盘子下方，菠萝包放在黄瓜上。

2. 奶酪剪出两个大的椭圆形做加菲猫的眼睛，车厘子做鼻子。

3. 用M豆做眼睛，用山楂剪出耳朵，沙拉酱挤在眼睛下面。

4. 紫色包菜剪出手掌，最后用沙拉酱和车厘子点缀。

41 腊肠狗

原产德国的腊肠狗，别看腿短身长，但却行动迅速，擅长打猎，且善解人意，能很快领会主人的意图而完成指令。在所有你能想到的外国电影里，那些富有经验的、胡子拉碴的老猎人，扛着猎枪，叼着雪茄，身边总会跟着一条屁颠屁颠貌似生活不能自理的腊肠狗。它们最适合的装扮是戴上一顶画家帽，瞬间高大上了呢。朋友们，赶紧穿戴上自己的英伦装，带着自己酷酷的腊肠狗去森林里淘点野味回来呗。

TIPS

整个餐点时间可以控制在十分钟左右，这个造型是因为无意中买到的一个面包而构思的，觉得很好玩，如果大家找不到同样的面包其实也可以用别的代替哦！

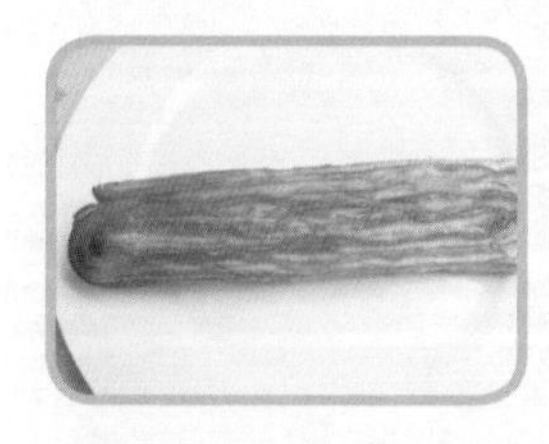

Start Cooking

1. 鸡蛋放在电饭锅里煮熟。

2. 大理石面包整只。

3. 前面切出一部分做小狗的头部，将尾部切一部分抬起。

4. 头部截出小部分，分成四片做小狗的腿，紫色包菜剪出来做耳朵。

5. 煮熟的鸡蛋切半放在盘子上方，黄瓜皮切成燕尾服放在蛋黄上。

6. 用 M 豆做眼睛，用黄瓜皮和樱桃点缀。

42 李雷和韩梅梅

终于，我们好不容易离开了小明不断往游泳池抽水和灌水，小红就跟疯了一样一天往返家和学校数次，还腿短一直追不上小明的惨淡小学生活后，进入初中，又开始愁李雷和韩梅梅这对异国情侣的终身大事。谁说少年不识愁滋味，我们这都从少年愁到了中青年了。在经历了 Jim Green, Lucy&Lily 这些大风大浪后的今天，他们终于得偿所愿。现在，让我们亲手为他们操办一场中国传统婚礼吧，当然，先拍个 60 年代标志性的结婚照。

面糊可以依个人口味加入盐或者糖，如果加糖要注意面饼不要煎煳。

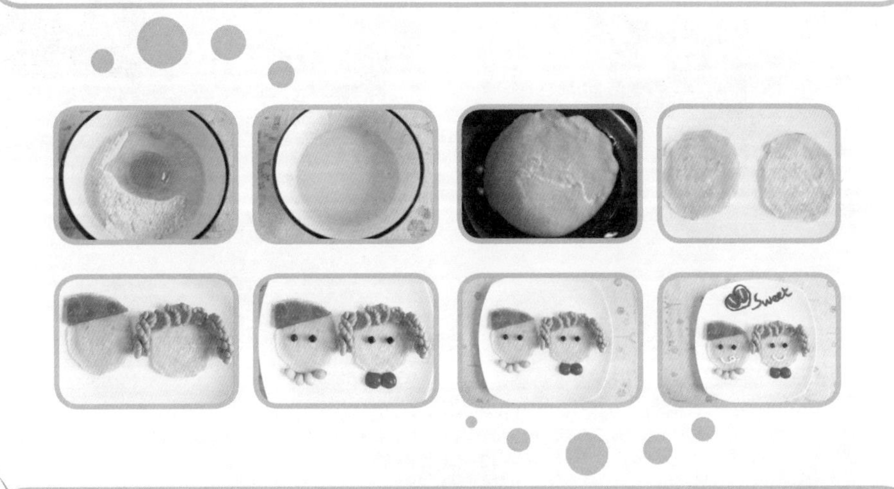

Start Cooking

1. 面粉小半碗，打入鸡蛋后加少许清水搅拌均匀。

2. 小平底锅放油，把搅拌好的面糊倒进锅里摊成圆形，做好两个大小差不多的圆饼放在盘子里。

3. 西瓜切成三角状放在小圆饼上做贝雷帽；另外一块圆饼上放麻花做成头发。

4. 巧克力豆分别做眼睛，莲子做李雷的领结，小番茄切开做韩梅梅的蝴蝶结领。

5. 沙拉酱画出嘴巴；小番茄切开，用番茄酱画出心状，再写出英文字母。

43 龙舞

传说中，蛇若潜心修炼，在最后的一次冬眠后，会幻化成龙。这时的幼龙还没有生出脚，它还需要完成最后一个步骤，名曰龙舞。并非都是深山老林这样的蛮荒灵气之地，田间草地也可以成就其升华的过程。似有祥云自腹部蒸腾，龙蛇乘势飞翔，在空中摇首摆尾，这是极其痛苦的经过，褪去最后的俗世皮囊，召唤东海龙王以助其得道。此时，降雨，这是一场仪式，洗尽铅华，隐匿西去。如若失败，万劫不复。

TIPS

饺子如果是速冻的，在煎的时候记得放水，至少没过饺子一半。

很多零碎的食材都是冰箱里随机拣出来的，并没有特意准备哦＾＾

Start Cooking

1. 平底锅放少许油，饺子入锅煎熟；玉米放在另一锅中煮熟。

2. 煎饺子时将海苔剪成图状摆放整齐，两颗樱桃做龙眼。

3. 奶酪片剪成半圆状，放两颗巧克力豆。

4. 煎好的饺子撒上黑芝麻摆放成龙的身体放在盘中。

5. 饼干棒和沙拉酱做成龙须，再用沙拉酱点出眼睛。

6. 葡萄做尾巴，用煮熟的玉米点缀。

44 马戏团小丑

都说情人的眼泪最珍贵，你见过小丑的眼泪吗？舞台的帷幕落下，在独立镁光灯射出的强力光晕中，小丑还没有下场。他今天的表演失败了，他想着凌晨微光中，自己独自在海边甩瓶；化妆台前，浓墨重彩褪去后，满是坑洼的皮肤；今日舞台上，他拖着病痛的已不再轻盈的身体跳过最后一个火圈时失误了，火苗噌噌地险些烧了眉目，但真正痛的是台下的唏嘘。他伸开双臂，摆出每次表演开始和结束的姿势，咧着夸张的大嘴，哭了。你是否愿意，把手中的棒棒糖分他一半；是否可以给他一个拥抱。

黄色的小西瓜是临时买的，用菠萝或普通西瓜都 OK 啦；鸡蛋因为要对半做眼睛，切的时候记得要竖着切。

Start Cooking

1. 鸡蛋放在电饭锅里煮熟。

2. 小西瓜切扇形片分别放在盘子两侧。

3. 菠萝切圆片摆放成弧形，小餐包放在顶部。

4. 海苔剪成弯弯的眼睛，番茄酱画出小丑的嘴巴，小番茄做鼻子。

5. 煮熟的鸡蛋对半切开，中间放上莲子做眼睛。

45 我爱布丁

甜品总是能让人心情愉悦，尤其对女孩子来说更是如此。DIY 甜品在尝试之前觉得是遥不可及的事情，可是一旦开始，就不可收拾！加入一点点的小心思在生活里，你会发现生活竟然是如此美妙！

TIPS

蛋液尽量过滤干净，这样蒸出来的口感会更均匀；鸡蛋的多少视布丁的量而定，如果只做 1 ～ 2 份，一个鸡蛋就够的，不然口感会太厚重了！

放的水果依个人口味，杧果、小番茄、香蕉之类的都可以。

Start Cooking

1. 鸡蛋两枚在碗中打散。

2. 加入 150ml 左右的纯牛奶和 1 ～ 2 勺白砂糖搅拌均匀。

3. 用滤网将拌好的牛奶蛋液过滤 1 ～ 2 次，直到把杂质滤干净。

4. 过滤好的牛奶蛋液装入小杯子，封上保鲜膜，用牙签在保鲜膜上戳些小洞。

5. 将杯子放入蒸锅蒸 15 分钟左右，拿出后将切好的水果放上就 OK 啦！

46 毛毛虫的家

软软的、毛茸茸的动物都会让我胆战心惊，无论体积大小，遇到了都会绕路，想到都会汗毛嗖嗖的，今天弄个萌系的，美美地吃下去。

切杧果的时候避开中间的核，把两边的果肉切下，再划出口子。

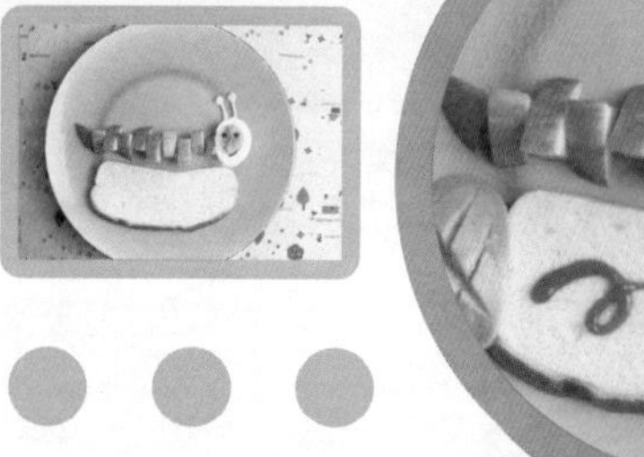

Start Cooking

1. 鸡蛋放电饭锅里煮熟，苹果切一块，等分成小块。

2. 切好的苹果块在盘子里交错摆成毛毛虫的身体。

3. 煮好的鸡蛋切半放在身体前，面包片放在下面。

4. 沙拉酱画出触角，用海苔剪出眼睛和嘴巴。

5. 番茄酱在面包上画出点缀花纹，杧果切片划开放在面包片旁边。

47 冒险热气球

30 岁以前环游世界一直是我的梦想，但是用什么交通工具呢？小时候，想用叮当猫的竹蜻蜓；青少年的时候，想开着自己的破车，或者骑着哈雷，那很酷；到了现在这个年纪，我能想到最浪漫的方式就这些是热气球啦！我没有孙悟空驾着七彩祥云来接；也不愿意坐飞机抵达，来不及欣赏沿途天光；火车太慢；自己又晕船。我就安安稳稳地坐上热气球，美美地涂着指甲油，无聊时跟云朵聊聊天，越过城堡时还能把刚编好的麻花辫坠下去钓个王子上来。开心时，吹个风；不开心时，那就吹个牛。你准备好了吗？我们的奇幻漂流启程！

蜂蜜蛋糕是现成的，其实黄瓜皮什么的都可以用沙拉酱代替的，不知道为什么会想到用黄瓜皮、苹果皮这些奇怪的食材……

Start Cooking

1. 蜂蜜蛋糕一个，黄瓜段一节，小番茄中间部分切出，分别摆放在盘子里。

2. 两片黄瓜片放在黄瓜段旁边，黄瓜皮削两长条，苹果皮削两短条摆放成热气球的造型。

3. 小番茄的头、玉米粒和沙拉酱分别组成小人的身体。

4. 用巧克力酱和番茄酱装饰。

48 玫瑰和瓢虫

玫瑰是安静的，瓢虫是热烈的，它们在一起会擦出怎样的火花呢？大自然永远都有我们不知道的奥妙故事。

吐司皮尽量不要弄断，长长的比较好造型！

Start Cooking

1. 准备食材。自制草莓酱、千岛酱、苹果、吐司和葡萄干。

2. 把吐司的中间跟外面的皮分开，吐司中间切成玫瑰的大概形状，用吐司皮做花梗。

3. 草莓酱涂在花朵上，苹果切整块，一分为二摆成瓢虫状。

4. 千岛酱画出瓢虫的触角，用筷子在苹果上戳一些小洞。

5. 撒上葡萄干点缀一下。

49 米菲米菲

作为学生时代各种文具上出现频率最多的卡通人物，米菲简直陪我们度过了年少的美好时光，米菲对于我就等于圆珠笔、软面抄和文具盒……回忆一下吧。

TIPS

奶黄包是超市速冻食品，蒸锅蒸 10 分钟左右即可。

Start Cooking

1. 奶黄包放蒸锅蒸熟。

2. 奶酪片剪出兔耳朵形状摆盘。

3. 奶黄包蒸好后放在兔子耳朵下，用葡萄点缀成领结。

4. 胡萝卜切小段分别交叉摆放做眼睛，黄瓜切小块做嘴巴。

5. 香蕉切片，淋上番茄酱点缀。

50 喷水鲸鱼

鲸鱼这种只在书上和电视里见到的巨型动物感觉就跟龙一样，要全凭想象，而且出场必须喷水柱，哪天如果一头鲸鱼倒在沙滩上我肯定不认识了，哈哈。

TIPS

刮黄瓜片的时候要注意力度，要不很容易刮断或者厚薄不均；鲸鱼的形状可以用筷子辅助完成。

Start Cooking

1. 黄瓜用刮刀刮成薄长条，再用刀切成细条。

2. 切细的黄瓜条一部分用剪刀剪成细小的叶子状。

3. 黄瓜条和黄瓜叶摆成水和水草的样子。

4. 方便面在锅中煮熟后捞起过凉水。

5. 锅中放少许油加调味包一起炒。

6. 盛起后在盘中摆放成鲸鱼的形状，黄瓜切圆片做眼睛，小番茄切出尾巴。

7. 沙拉酱画出喷出的水柱，小番茄切出嘴巴。

51 盆中绿

我给你温柔的阳光，你可以爱我吗？我给你清新的空气，你可以爱我吗？我给你明丽的眼光，你可以爱我吗？我给你肥沃的养分，你可以爱我吗？我给你健壮的身躯，你可以爱我吗？我给你超越的价值，你可以爱我吗？我给你五彩斑斓的世界，你可以爱我吗？我再给你窗外踟蹰的经过，你可以爱我吗？我给你我能给予的一切，你可以爱我吗？

你，可以爱我吗？像我从来没爱过你一样。

我爱你！这是我一直在做的事情。

细小的海苔比较难剪，要尽量剪得细小哦，一边剪一边往苹果上放就行。

Start Cooking

1. 吐司面包切成花盆状。

2. 青苹果以核为中心切圆片，切成形状不一的三片即可。

3. 把切好的苹果片叠放在吐司花盆上。

4. 把海苔全部剪成小细段，贴在苹果上作为仙人掌的刺。

5. 沙拉酱画出花盆的图案。

6. 玉米粒做花盆装饰，番茄酱画出小圈圈漂浮在盘中。

52 勤劳的蚂蚁

小时候一直被教育蚂蚁是一个强大的物种，独身能扛起比自身重好多的食物，群居又有不可敌的力量，且团队精神极佳……其实我仍然不太明白，对于每个物种本身所具备的生存能力来说，又有什么好特别的呢？有些问题十万个为什么也解答不了啊……

TIPS

小馒头可以买超市的速冻馒头，在来不及自己发面的时候蒸起来很快；

鹌鹑皮蛋是湖北的特产，可能有的地方没有，可以用其他的材料代替！

Start Cooking

1. 小馒头和玉米放蒸锅蒸 5 ～ 10 分钟，鹌鹑皮蛋剥壳。

2. 小皮蛋在盘中摆出蚂蚁的身体。

3. 千岛酱画出蚂蚁的触角、眼睛和腿；摆上蒸好的馒头。

4. 用玉米和橙子点缀一下。

53 青蛙荷塘

一只青蛙四条腿，两只眼睛，一张嘴；两只青蛙八条腿，四只眼睛，两张嘴……小时候农村的夏夜，原坝里挨着蚊子咬，也要牵着奶奶的手缠着她讲故事。她总爱双眼一眯，皱纹一紧，抻着我的小肩膀开始唱这歌谣，神奇的是，我就被催眠了，美美地睡着好觉。真是百思不得其解啊。

直到奶奶离开的几年后，我学过了朱自清的《荷塘月色》和《背影》，我才淌着泪明白了这份情意的深重，那无数个透着蛙鸣荷香的夏夜，奶奶用双手的温柔，一缕一缕地给我编好了无忧无虑的梦。

TIPS

青蛙脸用迷你平底锅来煎，刚好是大小合适的圆形。

眼睛、脸颊等都可以提前切好，等面饼煎熟后可以直接放上去，这样就不会凉啦！

Start Cooking

1. 猕猴桃切片摆放在盘中做荷叶。

2. 面粉加鸡蛋调成糊状，在小平底锅中摊成小圆饼，做青蛙的脸。

3. 胡萝卜切圆片和巧克力豆一起做青蛙的眼睛。

4. 火腿肠切小圆片贴在脸颊位置，用海苔剪出嘴巴。

5. 沙拉酱和莲子点缀在荷叶中间。

54 晴天娃娃

“卷袖搴裳手持帚，挂向阴空便摇手。”这也许是晴天娃娃最早的记录。它在中国被称为“扫晴娘”，主要是陕西、北京、东北等地百姓为祈求雨止天晴时挂在屋檐下的剪纸妇人像。日本的晴天娃娃多以方形手帕（白色）包裹乒乓球或棉团，并且在圆团上绘画五官，为一种悬挂在屋檐上祈求晴天的布偶。它最经典的形象应该就是小时候看的动漫《聪明的一休》，这小和尚除了头上会冒问号和电灯泡之外，晴天娃娃也很抢镜。那就让我们亲手做一只神奇的晴天娃娃，双手合十，祈祷“你若安好，便是晴天”。

TIPS

这道餐太简单啦！实在是我的“不诚意”（懒惰）作品，五分钟就可以搞定啦，嘿嘿……

Start Cooking

1. 肉包放在盘子中间，吐司面包剪成晴天娃娃的身体形状。

2. 剪出晴天娃娃的手臂。

3. 用海苔剪出眼睛，用番茄酱画出嘴巴。

4. 用番茄酱画出绳子，吐司皮放在娃娃头上做夹子。

55 热带鱼的故事

湖北人都爱吃带鱼，妈妈说，热一热更好吃。这就是热带鱼的故事。呵呵，开个玩笑。热带鱼，顾名思义，出生在热带，一般都具有观赏价值。名字也都非常具有诗意，像接吻鱼、埃及神仙、花罗汉、血鹦鹉等都是我们耳熟能详的品种。它们大都色彩艳丽，光怪陆离，悠游的姿态更显高贵。现在，让我们双手神奇起来，变出一顿热带鱼大餐吧。

TIPS

面包是买的现成的哦，吃之前可以放在微波炉热一下，口感会更好。

其余步骤都非常简单、快捷哦！

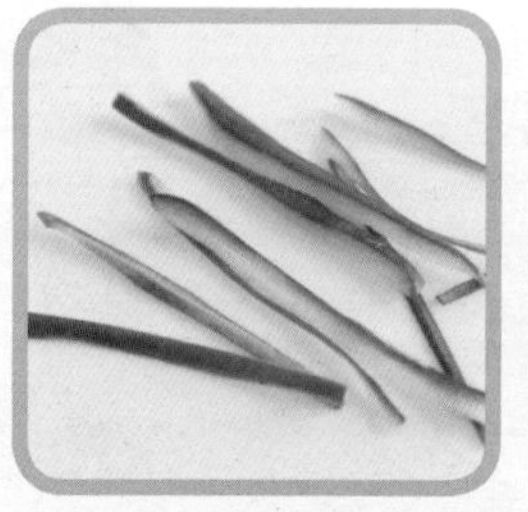

Start Cooking

1. 酱烤吐司面包切成两个三角；其中一块面包再切出一个小三角。

2. 把两块较大的面包拼成热带鱼的形状。

3. 黄瓜切成小细条摆放成水草，沙拉酱画出鱼泡泡。

4. M 豆做眼睛，用葡萄做点缀。

56 森林 WIFI 大师

这个源于在微博上看到的一个笑话，说长颈鹿的角是用来干吗的，大伙说是路由器，动物园的 WIFI 全靠它！

老婆饼都是在蛋糕店买的现成的，偷懒一下下啦，哈哈～用其他的面饼或者吐司也都可以哦！

Start Cooking

1. 老婆饼一个，作为长颈鹿的身体。

2. 玉米肠从中间切开，锅内放少许油把肠煎热。

3. 煎好的肠切成段做长颈鹿的脖子和角，小番茄切半做头。

4. 饼干棒掰成两半做腿，沙拉酱挤出尾巴的样子，在头上点一个眼睛。

5. 青豆洗净在锅中焯一下，跟切好的西红柿一起摆盘装饰。

57 晒太阳的蜗牛

小时候觉得蜗牛是一种面团一样灰蒙蒙的小动物，认识周杰伦后，蜗牛是一种努力不放弃的动物，顿时积极可爱了起来，配合“我要一步一步往上爬”的音乐，早餐时间无比愉快！

蛋糕是蛋糕店买的现成的，所以这份早餐很速成，只要切好黄瓜的形状，十分钟之内就可以完成的哦！

Start Cooking

1. 虎皮蛋糕一个摆放在盘子中间。

2. 黄瓜分别切一个长条和一小块，拼成蜗牛下面的身体。

3. 沙拉酱画出蜗牛的触角。

4. 胡萝卜切圆片和细小的段，摆放成太阳的形状。

5. 用葡萄做点缀。

58 扇舞

一扇掩面百媚生，一舞倾城亦倾国。我曾经以为我是这样的女子。当暖暖的阳光爬进我的被窝时，我被我的一头糟发吓醒了。如你所见，我是现在这个十个闹钟都没闹醒的迟到得欲哭无泪的苦 X 编辑。甚至我已经不是一个女子，现世的种种已经让我进化到我只能是我曾经以为的那女子手中的扇子。身上铮铮铁骨，却在别人的股掌之间柔韧温顺。所谓的自由职业者，我仅能支配的，是心中那支极美的扇舞，拂袖为云，雀跃引殇。

TIPS

玫瑰馒头是一早就做好的，做法参考前面哦……

馒头放在冰箱速冻后颜色变深了，如果是现做的会好很多，紫包菜只是随手拿来装饰的，可以换成其他的材料。

Start Cooking

1. 做好的南瓜玫瑰馒头两个，放入蒸锅中蒸熟。
2. 紫菜剪成细长条拼成扇子的骨架。
3. 用紫包菜和沙拉酱将扇形做完整。
4. 蒸好的馒头放在扇子上，最后用樱桃做点缀。

59 圣诞节

在知道圣诞节的时候，就已经是知道不会有圣诞老人的年纪了，自然也不会傻傻地把圣诞袜挂在床头等待圣诞老人的光临了。可是这丝毫不影响我对圣诞节的期待，只要有一棵闪闪发亮的圣诞树，就能让人足够开心。

TIPS

南瓜馒头在有空的时候做好各种造型放在冰箱冷冻，需要的时候直接拿出来蒸一下就可以啦！蒸馒头的时间就用来凹圣诞树的造型，等馒头起锅时间刚刚好 0(∩ _ ∩)0

Start Cooking

1. 做好的星星状南瓜馒头先入蒸锅蒸 10 分钟左右。

2. 吐司剪成圣诞树的样子，苹果切块也摆成树的形状。

3. 胡萝卜和黄瓜切成若干小爱心摆在树上。

4. 馒头蒸熟后放在苹果树上，用沙拉酱画出星星、雪花等装饰物。

60 树上的窝

因为没有乡下生活的经历，总感觉童年有些欠缺。比如顽皮地拿弹弓打鸟，爬上树掏鸟窝，把家里养的鸡追得四处乱窜……都只能在脑海里自我想象。小时候，大自然给我们的一切都是快乐无敌的，每一天都值得去回味。

TIPS

空心菜煮的时候时间过长就会严重变色，时间过短就不太容易熟，大家可以根据自己的喜好决定时间长短，喜吃的也不妨起锅后用油盐再炒一下。

Start Cooking

1. 鸡蛋放电饭锅煮熟，空心菜杆洗净切小段，锅里水烧开后放进去焯熟。

2. 香蕉切半摆盘，煮好的空心菜放在香蕉上摆成鸟窝状。

3. 煮好的鸡蛋对半切，放在空心菜中间。

4. 米粉、鸡蛋调和成面糊，在平底锅中煎熟，两面金黄盛起；圆饼剪出小鸡身体的大概形状。

5. 面饼的边剪出小鸡的脚，用 M 豆做眼睛，用胡萝卜剪出嘴巴。

6. 熟玉米粒和切片的桃李放在树下做点缀。

61 树枝上的孔雀

孔雀东南枝，一岁一枯荣。还记得第一次在云南见到孔雀时的感受，冷艳高贵，光芒万丈。传说中能够飞上树枝的孔雀，一年会有一只能够变成凤凰。所以它们经常会在晚上飞上枝头，仰头啼月，仿佛皎白的月光能够洗去它们尾翼上的蓝黑色，而后白天的阳光会将金黄色作为礼物送给它们。如此轮回，倒能够完成孔雀的第一次涅槃。

TIPS

黄瓜片可以用刮皮刀刮，会比较方便。

Start Cooking

1. 奶黄包一个，放在电饭锅里蒸热，同时把鸡蛋煮熟。

2. 黄瓜切成长片放盘子中间，另切一小片和黄瓜皮、苹果皮一起拼成孔雀头。

3. 苹果切块和紫色包菜一起做成孔雀的身体。

4. 蒸好的奶黄包和煮好的鸡蛋放在孔雀旁边，最后用樱桃点缀。

62 田间稻草人

城市生活，压力，雾霾，熬夜，面具，今天我们就开着快车一起逃离吧。阳光明媚，微风习习，有小云朵，有青草的空气，有时隐时现的小麻雀，还有路上光着脚丫歪戴着红领巾的明眸皓齿，要是你想，还有田间正襟立正的稻草人。它微笑着，朝着真实的你。你悠闲地坐在麦穗上，轻靠着身边的草人，没有梦，只有久违的温暖。

TIPS

空心菜煮的时候时间过长就会变色严重，时间过短又不太容易熟，大家可以根据自己的喜好决定时间长短，喜好吃的也不妨起锅后加油、盐再炒一下。

Start Cooking

1. 玉米跟鸡蛋放在电饭锅煮熟，煮熟的玉米去掉大头放在盘中。

2. 黄瓜切小薄片顺序弧形放在盘子下方。

3. 饼干棒做稻草人的手，麻花装饰在玉米上。

4. 紫菜放在饼干棒上，沙拉酱画出云朵。

5. 剪出眼睛和耳朵，贴在煮好的鸡蛋上。

63 甜心姑娘

“村里有个姑娘叫小芳，长得好看又善良，一双美丽的大眼睛，辫子粗又长”。还记得李春波的这首民谣吗？每个人的心中都有一个孩子，所以特别喜欢与单纯接近。初恋的味道，腆着酒窝的笑靥，撒丫欢奔的汗水，每每见到她，浑身都光芒万丈。你心中的甜心姑娘，还在那个明媚的角落，时间哪里都没去，它一分一秒地剥蚀着内里的硬核，变得温婉柔顺。

TIPS

因为是冷面的做法，所以煮好的面用冷水过，而且冷水过一遍之后面会更劲道哦。

拌面的调料根据个人口味来，也可以加香辣酱之类的。

Start Cooking

1. 玉米先放在锅里煮；面饼放在开水中煮熟，捞起来用冷水过一遍。

2. 大蒜切成细碎状，跟酱油、麻油、黑芝麻、白芝麻、盐、醋和鸡精一起放到冲过水的面里拌匀。

3. 把拌好的面码放在盘子里，堆成小裙子的形状。

4. 煮好的玉米切出一部分做女孩子的头，饼干棒做手。

5. 小番茄三个切出尾部放在“小裙子”上，沙拉酱画出小女孩的腿。

64 童年的大树

小时候总会有一些关于大树的回忆，树下乘凉的凳子，摇在手里的蒲扇和大家谈笑风生的画面。而树，也好像总和夏天分不开，徜徉在树下，做一下午的美梦，幻想所有的美好。

TIPS

西兰花建议用手掰，比用刀切要好；鸡蛋本来想要按网上说的用力摇晃煮一个完整的黄色蛋，结果失败了，只剩下蛋黄保存完好，所以直接连蛋白一起煮好拿出来就可以啦，嘿嘿……

Start Cooking

1. 准备食材。小番茄洗净，西兰花洗净切小块，鸡蛋一枚，吐司一片，玉米半根。

2. 玉米和鸡蛋放锅中煮 10 分钟，吐司切成树干状。

3. 西兰花用水焯熟，再放少许油和盐翻炒几下。

4. 出锅的西兰花摆在吐司树干上，小番茄切小块点缀在树上。

5. 千岛酱涂在树干上，吐司皮摆在树下。

6. 煮好的鸡蛋和玉米放在树下，用海苔剪出耳朵和眼睛放在鸡蛋上。

65 鸵鸟是吃货

鸵鸟在我心中一直是一种憨憨的动物，老好人、话不多、爱吃东西、见人就呵呵的那种（我内心戏好多，哈哈），于是低调的鸵鸟先生不愿意露脸的吃货照片出炉了，看来鸵鸟也知道红枣是美容圣品呐！

TIPS

鱼面是湖北云梦的一种特产，炒食有一种淡淡的鲜味，泡的时候不能用太烫的水，温水适宜。炒时基本不用放盐，一点儿白醋即可；如果没有鱼面可以用其他的主食代替！

Start Cooking

1. 干鱼面用温水泡开后捞起，放在冷水下冲一冲待用。

2. 鸡蛋打成蛋液，火腿肠切成细丝。

3. 平底锅烧热放少许油，将蛋液倒入锅中，两面煎熟盛出。同样切成细丝。

4. 香蕉切片摆成鸵鸟的尾巴，红枣切成小碎粒。

5. 热锅加油倒入火腿肠丝、鸡蛋丝和鱼面一起翻炒，放少许鸡精和白醋，直到鱼面熟透后起锅。

6. 起锅的鱼面摆成鸵鸟的身体，黄瓜切成鸵鸟的脖子，红枣碎粒盖住黄瓜，做成扎头吃东西的样子。

7. 最后用番茄酱挤出鸵鸟的双脚。

66 外星羊

很多人问我食物的造型是不是提前想好，要想多久，大多数时候，我会先有一个初步的构思，或者无意中发现某个花样，这个花样可以结合其他的食材做成什么造型；有时候也会临时起意顺势摆放，只是不一定都能达到预期的效果，比如今儿想做只温顺的小绵羊，结果摆出来总觉得它不像地球的生物，那就叫它外星羊吧。

TIPS

土豆丝切完后记得用清水漂洗两次，然后沥干水分，炒饭最好用剩饭，会有一粒粒的口感，其他调味料可以根据自己的喜好添加。

Start Cooking

1. 剩饭一碗，小土豆两个削皮洗净。

2. 橙子去头切片，奶酪切成四小块，分别放上 M 豆做羊腿，如图摆放好。

3. 土豆切丝用水漂洗一下，锅中放油下土豆炒熟。

4. 倒入米饭一起翻炒，放入盐和鸡精调味。

5. 炒好的土豆饭摆成羊的形状。

6.M 豆和番茄酱做出眼睛、嘴巴和羊角。

7. 黄瓜切条和樱桃一起摆放在下面点缀。

67 晚安月神

小时候的世界是七彩的，这并非童话的说法。手里的弹珠是七彩的，这是所有男孩子的宝贝；脚下跳的房子是七彩的，这是所有女孩子的乐趣；伸手够不到的所有东西是七彩的，它们就在那么几毫米的遥不可及的地方闪着光；好不容易终于得到的东西是七彩的，死死攥在手里也挡不住指缝透出的光芒；过去的时光是七彩的，孩子们都不敢回头看，它像阳光一样刺眼；未来当然是七彩的，你闭上眼睛都能看到斑斓的各个自己。甚至，夜晚都是七彩的，蜷在被窝，第一次静静的勇敢，害怕什么呢？月神的裙摆都放到了窗前陪伴着你，晚安！

蛋饼要等一面完全煎熟，蛋包饭在盛起来的时候要注意不要弄破哦。

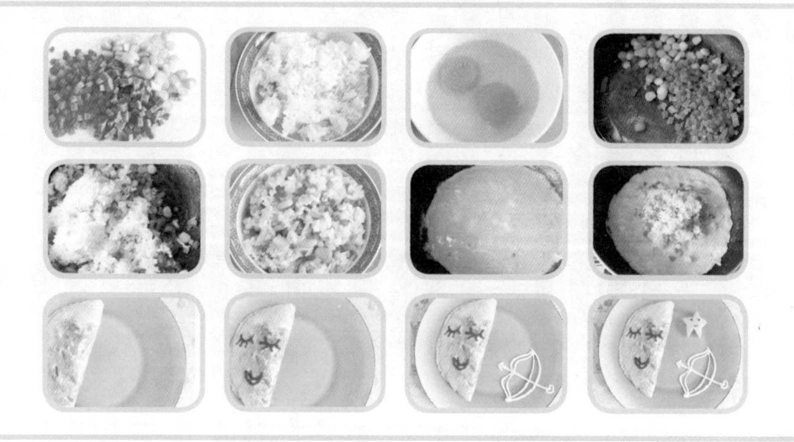

Start Cooking

1. 胡萝卜、火腿肠切成小丁，玉米煮熟后掰成小粒。

2. 剩米饭一碗，鸡蛋两个打在碗里。

3. 锅里放油烧热，将胡萝卜、火腿肠和玉米放进去炒热。

4. 把米饭倒进去一起炒热，根据个人口味加入适量的盐和鸡精，炒热后盛到小碗里。

5. 鸡蛋打散倒进锅里，差不多煎熟后把炒好的饭放在蛋饼上。

6. 把蛋皮对折，盛出放在盘子里，用番茄酱画出眼睛和嘴巴。

7. 沙拉酱画出箭，青苹果切出五角星的形状，再用番茄酱画出眼睛。

68 为人民服务

这几个字应该是雷锋同志最准确的标签，或者是“80 后”的我们的父辈身上共有的特质。军绿大棉袄搭配雷锋帽，额面一颗大红星，是那时候最潮流的打扮。小时候拍照总会出现在眉心的红星，是我们真正想坐上时光机穿越回去毁尸灭迹的真正原因。但真怀念那时候啊，在马路边捡到一分钱，跑个十几里路交给警察叔叔的年代，什么都珍贵。

TIPS

这个其实好简单的，突发奇想了一下，字体好想模仿毛主席，结果写完之后觉得好喜感……

Start Cooking

1. 完整的一块吐司面包从下面剪开，如图中的样子。

2. 吐司皮从中间隔开做出帽子状，帽子上用番茄酱画出五角星。

3. 海苔剪出两个三角形放在下面的帽檐上。

4. 用沙拉酱写出“为人民服务”字样。

69 五彩鸡的孔雀梦

想做一道关于孔雀的餐点，就像心中正开屏的孔雀那样五彩闪耀和美好，可是一失足就变成了下凡的五彩鸡，饼干棒的小脚丫出卖了它奔向高贵的心 0(∩ _ ∩)0。大面积的蔬菜让人很有满足感，加上色彩十足的炒饭，给孩子一个充实的早上。

TIPS

米饭最好是隔夜的，这样口感更好哦！
香蕉跟草莓容易氧化，可以最后切，以免破坏色泽。
做头的草莓不要去蒂，绿色的叶子更有鸡冠的感觉。

Start Cooking

1. 准备好食材。黄瓜、胡萝卜洗净，香蕉、草莓、火腿肠和鸡蛋备用。

2. 胡萝卜、黄瓜、香蕉、草莓分别切椭圆形片分层摆盘，黄瓜、胡萝卜留一半不切。

3. 剩下的黄瓜和胡萝卜连火腿肠一起切成小丁，和鸡蛋、米饭一起备用。

4. 平底锅烧热倒油，放入鸡蛋打散，放入黄瓜、胡萝卜、火腿肠丁和准备好的米饭一起翻炒。

5. 加入少许盐和鸡精炒至变热，出锅摆盘成身体的造型。

6. 摆上草莓当头，咖啡豆做眼睛，饼干棒做脚；最后放上脚底点缀的黄瓜片。

70 下蛋公鸡

给愚蠢的地球人的一封信：啊哟……辗转难眠的时候，我一直在思索，当初来地球的决定到底是对还是错呢？已经无法阻止地球人了。在这个星球上，母猪可以上树，猫屎可以泡咖啡，燕子口水最贵，我已经化身最平凡的生物——公鸡了，现在竟也被逼得硬生生地下了个蛋，真是丧心病狂啊。亲们，地球如此危险，火星家里人都知道了，请原谅我的不辞而别……

TIPS

公鸡的形状借助小饭勺来摆放哦，因为加了老干妈，所以会有很多油，摆好之后用纸巾擦一下周围就行。

Start Cooking

1. 鸡蛋放在电饭锅中煮熟；火腿肠、黄瓜、胡萝卜切成丁，米饭一碗。

2. 另外一个鸡蛋直接打散在锅中，倒入火腿肠丁、黄瓜丁和胡萝卜丁一起炒散。

3. 倒入米饭一起炒热，加入老干妈和其他调料。

4. 炒好的饭在盘子里摆成公鸡的形状。

5. 小番茄切出皇冠的形状和脚，饼干棒做腿。

6. 蒸好的鸡蛋切开，连同葡萄一起做装饰。

71 乡间生活

这个早餐的画面在脑海中十分熟悉，好像小学简笔画的时候最爱画这些小房子什么的了，线条简单又充满生活气息（当然那个时候肯定只是觉得线条简单好画了），技术含量低但是有爱的东西都可以尝试一下，嘿嘿。

这个小房子很简单，也是十分钟之内可以完成的餐点哦！

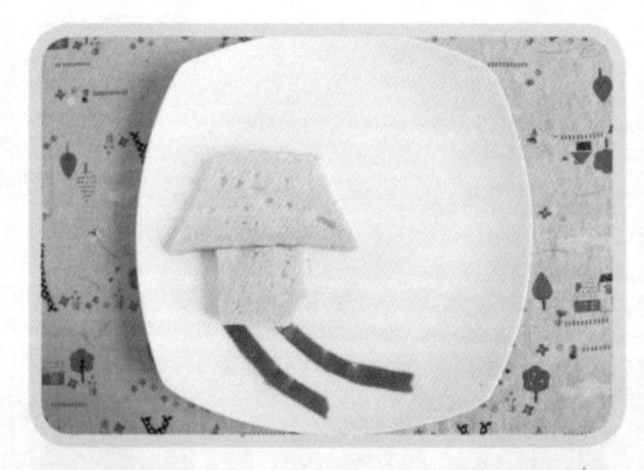

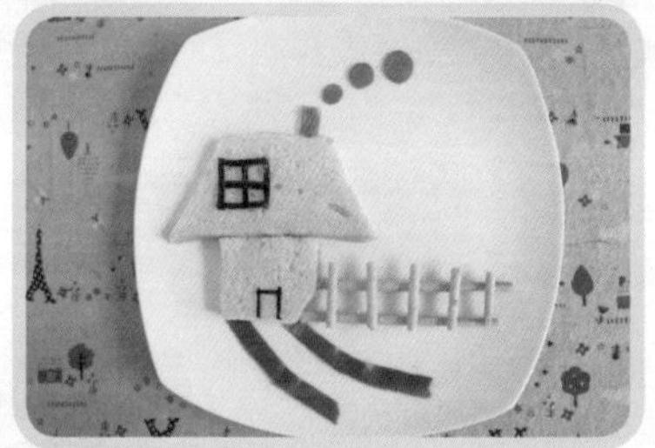

Start Cooking

1. 面包跟皮分开，面包剪成房子的形状，面包皮铺成小路。

2. 饼干棒掰成小段拼成栅栏，面包皮切小块做烟囱。

3. 海苔剪成细条拼出窗户和门，胡萝卜切小圆片依次摆成炊烟。

4. 桃李切片，黄瓜切细条，摆成太阳。

72 向日葵包饭

蛋包饭总会让人食欲大开，好吃的同时也饱了眼福，不知道这个向日葵花的蛋包饭会不会让人心情美好一整天呢？

TIPS

用剩米饭做炒饭口感更好哦！炒饭起锅的时候先装在小碗里，然后倒扣在盘子里就成圆形啦！

Start Cooking

1. 准备食材。剩米饭一碗，鸡蛋一枚，小番茄、青豆洗净，火腿肠、胡萝卜洗净切丁，菠萝一块。

2. 青豆下锅炒熟，分两半盛出。

3. 鸡蛋打散在锅中摊成圆饼状。

4. 锅内放少许油，烧热后倒入切好的胡萝卜丁、火腿肠丁和半份青豆。

5. 翻炒差不多熟后倒入剩米饭一起翻炒，加入盐、鸡精继续炒；起锅后装入盘中。

6. 摊好的鸡蛋饼切成细条状，剩下的边角分切成三角形。

7. 把细条依次交叉放在炒好的饭上，三角形摆在周围；剩下的一半青豆放在细条交叉的空隙处。

8. 切好的菠萝摆成花状，小番茄放花心处；千岛酱画出两朵花的叶子，最后用番茄酱画出太阳。

73 小鸟也爱葡萄

小鸟已经成为我早餐经常出现的主角儿了，配合各种组成美好的画面，温暖和童趣同在。

有些细致的形状不太好剪，可以先切薄片，再用剪刀慢慢修成想要的形状。

Start Cooking

1. 玉米先放在锅中煮熟，吐司剪成小鸟形状，吐司皮分开剪成嘴巴和脚。

2. 胡萝卜切薄片剪成头冠，黄瓜切块做翅膀，另外切小细条跟 M 豆拼在一起做眼睛。

3. 黄瓜切小片，用剪刀剪成叶子形状。

4. 葡萄依次摆在叶子下面。

5. 剩余的黄瓜切条和葡萄摆放在盘子边，最后用玉米装饰。

74 熊猫爱竹子

林徽因：因为一个人，爱上一座城。但成都不是这样的。成都，是因为火锅，因为九寨沟，因为麻将，因为趴耳朵；因为串串，因为都江堰，因为川剧变脸，因为美丽的川妹子；因为麻婆豆腐，因为武侯祠，因为爱吃竹子的熊猫，因为她是我们的家乡。你会爱上她。她的美丽、慵懒、慢节奏的小资情怀，只有熊猫才能诠释。憨态可掬，黑白分明，骄傲地只吃竹子，但你就是爱惨了它。

TIPS

米饭比较黏手，捏的时候可以戴上一次性手套，也方便造型。

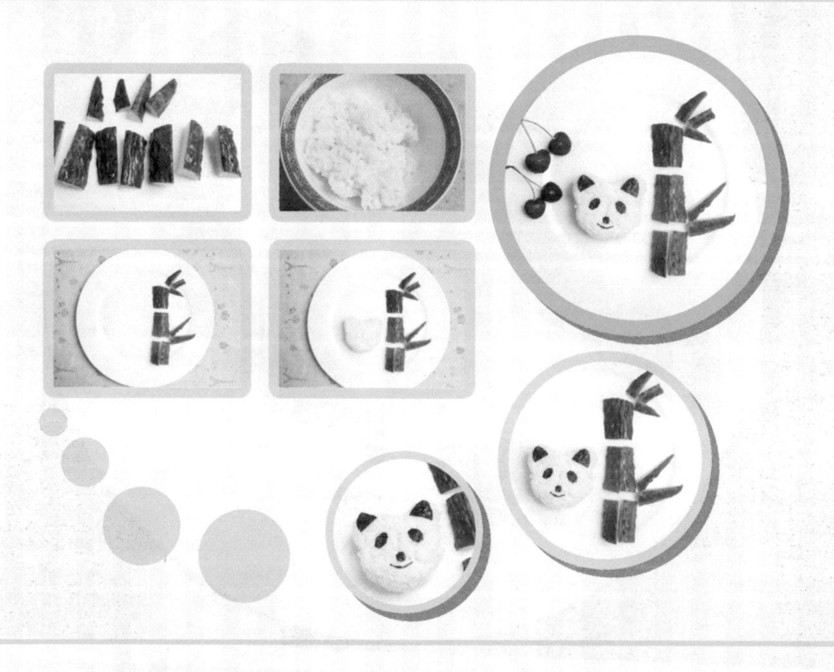

Start Cooking

1. 黄瓜切成竹节状，留出小部分切出一头尖的形状；米饭小半碗。

2. 把切好的黄瓜在盘中摆放成竹子。

3. 米饭做成饭团，大概捏出熊猫的样子。

4. 用海苔剪出耳朵、眼睛、鼻子和嘴巴。

5. 最后用樱桃点缀。

75 眼镜蛇的家

说起来自己真的是超怕蛇的，蛇绝对可以列为最让我胆战的动物，没有之一！所以做好蛇的时候自己都不敢去碰（汗⊙﹏⊙b……），所以这是太传神了吧？哈哈，人有时候还是需要战胜恐惧的，只是对我这个胆小鬼来说太……太难了……

TIPS

草莓摆的时候每一个都稍微叠起来一点儿，蛇的形状就随便摆啦。

Start Cooking

1. 吐司用手掰成树干的形状，草莓洗净全部切半。

2. 切成半的草莓围绕树干摆成蛇的样子，用绿色的 M 豆做眼睛。

3. 草莓叶放在树下做点缀。

4. 千岛酱涂在树干上，盘子摆上柠檬片。

76 椰岛风情

从小就喜欢海，喜欢蓝天和各种岛屿，如果让我天天躺在海滩上抱着椰子喝，黑点儿也没关系，嘿嘿。海岛仿佛是一个不会忧伤、没有哀愁的地方，不要忘记我们曾经想要去的地方和想做的事情，一份简单的餐点也能让你的心去旅行！

TIPS

鱼面事先用温水泡开沥干，这样炒的时候不会有太多水分，影响口感。

虾仁炒之前拌点淀粉会更嫩，下锅翻炒时间不宜过久。

Start Cooking

1. 准备食材。黄瓜半根，香蕉一个，虾仁少许，泡好的鱼面一碗。

2. 黄瓜、香蕉先切好形状，摆成椰子树。

3. 虾仁加少许淀粉拌匀，倒入烧热的平底锅略加翻炒。

4. 放入沥干的鱼面一起翻炒，加少许鸡精和白醋。

5. 起锅放在椰子树旁边，红色小番茄切开点缀在椰子树旁，最后用番茄酱挤出海鸥的形状。

77 有爱的果蔬篮

印象里小时候妈妈每次去买菜都是提着菜篮子的，每次买菜回来菜篮子装得满满的都好开心，现在也是，每次从超市回来把冰箱塞得满满的都好有安全感，感觉这才是生活的样子。

TIPS

面饼可以根据个人口味在面糊里加入盐或者糖，篮子里的东西也可以随便放哦！

煎面饼的时候如果周边煎得焦就会刚好有个提手样子的面饼条。

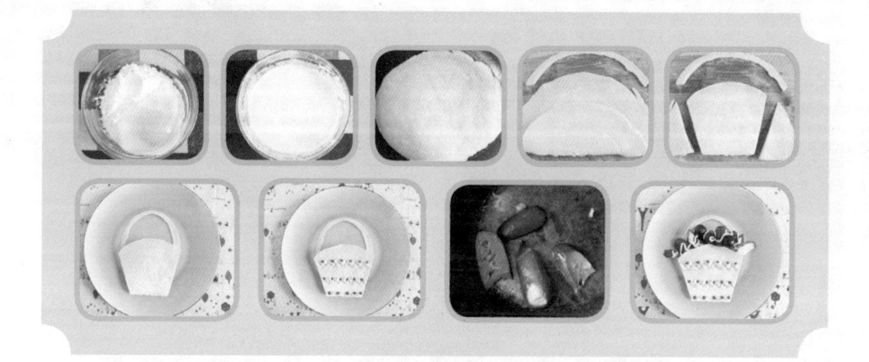

Start Cooking

1. 面粉半碗，鸡蛋一枚，加入水一起搅拌成面糊。

2. 面糊在锅中摊成圆饼状盛出。

3. 焦掉的边跟饼分开，圆饼如图对叠，把两边切掉，中间留出一个篮子形状。

4. 切出来多余的面饼压在篮子下，焦掉的面饼条做篮子的提手。

5. 篮子上用沙拉酱、千岛酱和番茄酱画出波浪花纹。

6. 玉米肠切开在锅中煎热，跟切好的黄瓜还有葡萄一起放在篮子里，露出一半来，淋上沙拉酱就好啦！

78 羽毛球拍

一个快奔三的人才开始抓羽毛球拍算是没有童年的人吗？运动真是件纠结又矛盾的事情，没有运动细胞又希望能帅气地挥汗如雨……有生之年的愿望就是……能打赢……一场比赛（呵呵……）

十分钟速成餐，当当当当……

Start Cooking

1. 吐司面包切除四周剪成椭圆形，用同样方法剪两个。

2. 吐司皮跟蛋卷分别做球拍的杆和握柄。

3. 沙拉酱画出球网。

4. 最后用莲子和樱桃做点缀。

79 雨天+雨伞

最近持续雨天，灰蒙蒙的不想出门，妈妈从家里带了好多粽子来，于是粽子最近成为我的主食了。想起屈原先生用生命给我们换来了三天假期，太感人了（哭）……

粽子比较好熟，注意煮的时间不要太久。
煮粽子的时候可以把水果处理干净，杧果切块后用刀划口。

Start Cooking

1. 粽子煮熟捞起剥皮，倒置放在盘子一侧，沙拉酱画出伞柄。

2. 杧果避开核切片，用刀斜划出口子，苹果切片摆放在芒果上方。

3.M 豆放在苹果上做眼睛，黄瓜切条做手，沙拉酱画出腿。

4. 黄瓜切小细条往一个方向倾斜摆放，胡萝卜切小圆片装饰摆盘。

80 紫薯的心

无意中在微博上看到了紫薯银耳羹，炖出来晶莹剔透的紫色看起来太好看了，于是自己也试了试，味道真心不错。生活偶尔也需要这样的小情调跟小浪漫噢！

TIPS

银耳煮之前一定要用开水泡开，黄色的结可以切掉；炖的时间长短视个人口味而定，一般 1 ～ 2 小时，如果想炖得更烂就时间久一点儿。

我的紫薯放进去有点早，所以到最后会褪色变白，如果想保留紫薯的颜色可以晚一点再放进去。

Start Cooking

1. 紫薯洗净、削皮、切小块。

2. 将小块紫薯切成正方形，再去掉其中一角，把尖的部分稍微修圆一点儿。

3. 银耳用开水泡开后放入炖锅，加热水开大火炖 1 小时后把切好的心形紫薯倒进去，加冰糖继续炖 1 小时左右。

4. 等到银耳炖烂，颜色变成紫色后即可。